「大观南京」丛书（第一辑）

主编◎曹劲松

南京的水

卢海鸣　徐智　编著

南京出版传媒集团
南京出版社

图书在版编目（CIP）数据

南京的水 / 卢海鸣, 徐智编著. —— 南京：南京出
版社, 2023.3
　　ISBN 978-7-5533-4126-2

　Ⅰ. ①南… Ⅱ. ①卢… ②徐… Ⅲ. ①水资源 – 概况
– 南京 Ⅳ. ①TV211

中国国家版本馆CIP数据核字（2023）第011607号

书　　　名　南京的水
编　　著　卢海鸣　徐　智
出版发行　南京出版传媒集团
　　　　　南　京　出　版　社
　社址：南京市太平门街53号　　　　　邮编：210016
　网址：http://www.njcbs.cn　　　　电子信箱：njcbs1988@163.com
　联系电话：025-83283893、83283864（营销）　025-83112257（编务）

出　版　人　项晓宁
出　品　人　卢海鸣
责任编辑　彭　宇
装帧设计　赵海玥
责任印制　杨福彬

排　　版　南京新华丰制版有限公司
印　　刷　南京凯德印刷有限公司
开　　本　787 毫米 × 1092 毫米　1/32
印　　张　3.75
字　　数　63千字
版　　次　2023年3月第 1 版
印　　次　2023年3月第 1 次印刷
书　　号　ISBN 978-7-5533-4126-2
定　　价　28.00 元

用微信或京东
APP扫码购买

用淘宝APP
扫码购买

前　言

　　南京地处长江下游宁镇扬低山丘陵岗地地带，属于亚热带季风气候区，降水丰沛，四季分明，天然河流与人工河道纵横，湖泊与池塘星罗。

　　南京因水而生，因水而兴，因水而盛，历史上曾有"水城"之称。据2014年南京市第一次全国水利普查成果，全市共有河流613条（2017年，南京市实施河长制，统计出的大小河道共821条）。按照全国水系划分，南京的河流分属于长江水系和淮河水系。在次一级水系划分上，南京的河流在江北和江南分属于六大水系——淮河水系、滁河水系、沿江水系（长江干流水系）、秦淮河水系、石臼湖—固城湖水系（属于水阳江水系的一部分）、西太湖水系。

　　南京的河流，有的是天然形成的，如长江南京段、滁河；有的在天然形成的基础上经过人为的改造，如秦淮河、金川河、青溪等；有的则完全是人工开凿的运

1

河，如胥河、运渎、珍珠河、杨吴城濠、天生桥河、秦淮新河等，这些河流至今仍在发挥着各自的不同功用。

除了纵横交错的河道外，南京还有众多的湖泊池塘，著名的有玄武湖、莫愁湖、石臼湖、固城湖、金牛湖等，它们犹如一颗颗明珠，镶嵌在大江南北。古往今来，它们在旅游、蓄洪、航运、灌溉、养殖、生态等方面发挥着不可替代的作用。

水脉与城脉相连。本书分为上、下篇，分别聚焦南京的12条河流和5个湖泊，围绕其地理环境、水体生态、历史变迁、人文典故、水利生态等展开叙述，从自然的视角揭示古都南京的沧桑巨变，展示南京由农耕文明向工业文明和生态文明发展的曲折历程。

本书由卢海鸣、徐智共同撰写，书中图片除署名的之外，均为卢海鸣实地拍摄。

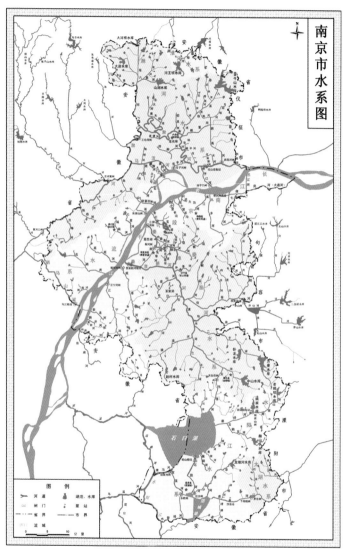

南京市水系图（《南京水利志》）

目 录

下篇 湖泊

上篇　河流

黄金水道：长江南京段

游轮经过长江二桥

　　南京是长江流域的重要城市，也是我国唯一跨江的古都。长江由西南向东北方向穿越南京 11 个区中的江宁、浦口、雨花台、建邺、鼓楼、六合、栖霞 7 区，长江南京段河道总长 97 公里，两岸共有 28 条入江河流，岸线总长约 280 公里，主江岸线长约 190 公里，占全省岸线 23%，是南京经济社会发展的"命脉"。

长江与黄河同为中华文明的摇篮，也是中华民族精神的化身。千百年来，长江在南京文化乃至中华文明的兴衰存亡中发挥了极其重要的作用。

长江孕育了南京文化

万里长江发源于青藏高原，形成于遥远的地质时期，在奔腾东流中哺育了中华民族，成为与黄河并列的中华民族的母亲河之一。迄今为止，在长江流域发现了5000余处古人类文化遗址，其中南京地区的古人类遗址超过200处。早在距今约50万年前，南京汤山已有我们的祖先"南京猿人"活动的身影。从距今50万年到距今1万年，我们的祖先经过漫长时间的繁衍生息，在极端恶劣的环境中，凭借着出色的聪明才智，由猿人进化成智人。从20世纪80年代到2000年前后，考古工作者通过考古调查和发掘，在南京江北浦口沿江地带、江南高淳水阳江一带、东部茅山—宜溧地区均发现了距今10万年前的旧石器时代早期遗存。1977年，溧水县白马公社回峰山神仙洞发现1件人类头骨化石及19种伴生动物化石，同时出土的距今1.1万年前陶片说明先民们已经开始制作陶器。

从距今6000年左右开始，先民们在南京地区的大江南北建立了许多原始聚落,南京进入"农业聚落时代"。聚落时代的南京先民创造了具有鲜明地域特色的文化。这一文化的先后发展序列为:以北阴阳营遗址第四层为代表的新石器时代文化(前4000年)——相当于中原地区夏代的点将台文化(前2000—前1600年)——相当于商代的"湖熟文化"(前1700—前1000年)。这一文化序列延续数千年,绵延不绝。在南京地区发现的200余处古文化遗址,一般多位于台形高地上,濒水而立,以长江南岸的秦淮河、金川河(包括玄武湖)、古丹阳湖(包括石臼湖、固城湖等,属于水阳江水系)和长江北岸的滁河这四大古河流水系为纲,形成各自的分布区域。秦淮河水系的古文化遗址有江宁区老鼠墩遗址、橙子墩遗址、磨盘山遗址、神墩遗址、前岗遗址、梁台遗址、船墩遗址、昝缪遗址、太岗寺遗址,雨花台区窨子山遗址,栖霞区桦墅村(原属江宁区汤山)点将台遗址,以及溧水区溧水中学遗址、螺丝滩遗址、青龙桥遗址等;金川河水系的古文化遗址有北阴阳营遗址、锁金村遗址、安怀村遗址等;古丹阳湖水系的古文化遗址有高淳区薛城遗址、朝墩头遗址、富家山遗址等;滁河水系的古文化遗址有六合区羊角山遗址、平顶山遗址,浦口区营盘山遗址、杨山遗址、大古堆遗址、曹王塍子遗址、蒋塍子

从"长江传奇"号游轮上看南京长江大桥

遗址、牛头岗遗址等。在北阴阳营文化早期和点将台文化中，出土有石器、陶器、瓷器、玉器、蚌器、骨角器等，在湖熟文化中还出土了卜骨、卜甲、青铜器和文字符号。

长江护佑了南京文化

历史上，帝王将相选择定都南京，与"龙盘虎踞"的山川形胜密切相关。其中天堑长江至关重要。宋代史学家郑樵《通志》认为："建邦设都，皆凭险阻。山川者，天之险也；城池者，人之阻也；城池必依山川以为固。大河自天地之西，而极天地之东；大江自中国之西，而极中国之东。所以设险之大者，莫如大河；其次，莫如大江。故中原依大河以为固，吴越依大江以为固。"

纵观中国历史，魏晋南北朝时期，除了西晋王朝37年的短暂统一外，我国绝大部分时间处于南北对峙状态。六朝定都建康（今南京）323年间，北朝政权多次觊觎江南，想消灭江南的六朝政权。六朝政权面对北方强大的邻居，除了祖逖、桓温、刘裕等曾经发动几次北伐外，大多数时间里，都将限江自保确定为基本国策。正因为长江天堑挡住了北方的铁骑，定都江南的六朝政权赢得了三百余年的相对安宁，才有了六朝文化的辉煌。吴大帝孙权凭借长江天堑，在建业（今南京）建都，与曹魏、蜀汉鼎力三分。到了西晋末年，中原地区战乱频仍，大批北方流民南下，导致中华文明中心的第一次南移，六朝都城建康成为中华传统文化的中心，被认为是华夏正统所在，在思想、宗教、文学、艺术、史学、科技等领域，超过前人，独领风骚，中国文化进入历史上的"文艺复兴时期"。南北民族的大融合促使建康的语言由单纯的吴方言发展为吴方言与北方话并存，最终南京成为北方官话区。六朝以建康为都，在中国历史上扮演了一个承前启后、存亡续绝的角色。其中，长江所起的作用功不可没。

五代十国时期，中国又一次陷入战乱之中。十国

从幕府山边的长江上看日落

之中的南唐政权沿袭六朝的基本国策，倚仗长江天堑进行守御，在抵御外来入侵的同时创造了灿烂的南唐文化。南唐以金陵（今南京）为首都，统治我国最富庶的江淮地区将近40年，是十国中存在时间较长的一个政权。

南唐虽偏安一隅，但在文化传承上可圈可点。南唐君主重用文臣，以文治国，开启北宋文人政治之先河。南唐诗词独步天下，开创一代文学之风，成为宋词的一个重要源头。南唐画院制度直接影响了北宋宫廷画院。南唐三主均重视文化建设，在文献的收藏、保存、整理和文化的发展方面做出了卓越贡献，北宋国家藏书中有三分之一来自南唐。国学大师钱穆称赞"南唐文物，尤为一时之冠"。

长江拓展了南京文化

南京文化在发展过程中兼容并蓄。明朝之前的南京文化受到长江的限隔，更多地弥漫了江南文化的色彩，自明代开始，南京城跨江而治，南京文化在空间和内涵上得到了丰富与拓展。

孙吴黄龙元年（229），吴大帝孙权将都城由武昌（今湖北鄂州）迁到长江下游的建业（今南京），并在今天南京主城区建城，南京从此由默默无闻的江南小邑发展成为一座举足轻重的江南都城。南唐昇元元年（937），徐知诰（南唐先主李昪）建都金陵，设立江宁府，六合县由隶属扬州改隶江宁。但好景不长，中主李璟保大十五年（957），六合等江北十四州为北周占领，江宁府管辖范围缩回到江南。宋元时期的南京，依然是一座江南城市，行政区划上仍未越过长江。

1368 年，明太祖朱元璋在应天府（今南京）称帝，以应天府为都城，改名南京，南京有史以来第一次成为统一王朝的都城。明代南京管辖 14 府 4 直隶州 97 县。其中应天府（今南京）跨过长江，管辖范围由元代集庆路管辖下的江南5个州县，扩大到江南、江北8个县，即江南的上元、江宁、溧水、高淳、溧阳、句容六县和江北的六合、江浦两县。从明代开始，南京的辖区第一次真正意义上越过长江，成为跨江而治的城市。南京由此成为中国唯一的跨越江南、江北的古都，同时也是长江流域乃至整个南方地区唯一的统一王朝的都城。

自此，长江在世人眼中的形象为之一变。明代著名文人高启《登金陵雨花台望大江》赞美道："大江来从万山中，山势尽与江流东。钟山如龙独西上，欲破巨浪乘长风。江山相雄不相让，形胜争夸天下壮。……我生

应天府境方括图（明朝陈沂《金陵古今图考》）

9

幸逢圣人起南国，祸乱初平事休息。从今四海永为家，不用长江限南北。"

长江创新了南京文化

第一次鸦片战争期间，在英国坚船利炮的威逼下，清政府被迫在南京与英国侵略者签订了丧权辱国的《南京条约》，中国从此沦为半殖民地半封建社会。此后，随着西方科技文明的输入，长江由天堑变成交通要道，得到越来越多的利用，由此见证了南京从农耕文明向工业文明、生态文明转型发展的历程。

19 世纪 60 年代至 90 年代的洋务运动期间，署理两江总督李鸿章在南京创办金陵机器制造局，两江总督兼南洋大臣曾国荃创办江南水师学堂，署理两江总督兼南洋大臣张之洞创办江南陆师学堂等，这一时期的"西学东渐"以模仿西方军事工业和学习西方科技文化为特征，促进了我国军事科技的近代化进程。与此同时，"西学东渐"也体现在西方输入的宗教、医学、教育、慈善和交通设施等方面，由西方人创办的教堂、医院和培养新式人才的教会学校陆续在南京建立，如石鼓路天主堂、四根杆子基督教汉中堂、太平南路基督教圣保罗堂、马林医院、汇文书院、基督书院、益智书院、明德女校等。

黄金水道运输忙

　　1901 年《辛丑条约》签订后，清政府宣布实行新政，学习西方成为一股潮流，南京也汇入这一洪流之中。1902 年，署理两江总督张之洞于北极阁之南筹办三江师范学堂，1904 年正式招生入学，首任总办杨觐圭（校长）。它是清末实施新教育后规模最大、设计最新的一所师范学堂，也是中国近代师范学堂之嚆矢。1906 年，三江师范学堂改名为两江优级师范学堂，李瑞清担任监督（校长）。1907 年，两江总督端方奏请清廷许可，在龙蟠里惜阴书院旧址建藏书楼，并委派缪荃孙为图书馆总办（相当于馆长），收藏宋、元、明、清秘籍珍本、名家批校本、精抄本共达 5 万余册。1910 年 12 月 19 日正式对外开馆，定名为江南图书馆，它是中国第一座公共图书馆。

晚清民国的南京由地理上的拥江城市演变为科技上的拥江发展城市。南京文化在守正中创新发展。随着19世纪30—40年代英国工业革命的基本完成，西方科技源源不断地输入到我国，南京境内大江南北两岸，工业企业如雨后春笋发展起来，如浦镇机厂、和记洋行、胜昌机器厂、大同面粉厂、扬子面粉厂、中国水泥厂、首都电厂、首都水厂、永利铔厂、江南水泥厂、中央无线电厂、中央电瓷厂、中央化工厂等，标志着南京由农耕时代向工业时代的迈进。

中华人民共和国成立以来的70多年，南京的"电汽化特"等工业在我国独领风骚，科技在南京文化中占

从"长江传奇"号游轮上看南京长江二桥

据越来越重要的地位。党的十八届三中全会以来，南京吹响了由工业文明时代迈向生态文明时代的号角。

近年来，在长江流域"共抓大保护，不搞大开发"的前提下，中共南京市委、南京市人民政府把长江岸线专项整治作为一项重要的政治任务来抓。全市始终以发展高质量、岸线高标准、环境高颜值为要求，坚持生态优先，绿色发展，标本兼治，协同联动长江大保护向纵深发展。

2018 年，南京在全国率先出台《南京市长江岸线保护办法》；2023 年 1 月 1 日，正式实施《南京市长江

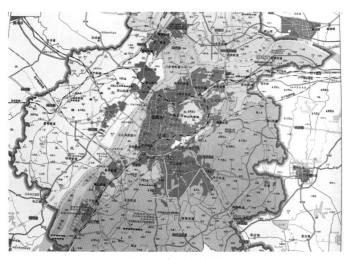

长江南京段示意图

整治后的长江南京段岸线

岸线保护条例》，同时在全省率先出台《深入推进长江经济带高质量发展走在前列的实施意见》等。长江生态岸线比例从 2018 年的 66.2% 增加到目前的 80.26%。在沿江 1 公里范围内，昔日伤痕累累的长江两岸，目前的长江岸线绿化贯通率已达 85% 以上，整治项目数量、拆除项目体量、清退生产岸线长度、复绿面积均为全省第一。

南京 95% 的区域属于长江水系，把控好 28 条入江支流的水质，也就把控好了 90% 以上的入江排水。经过不到五年的努力，到 2020 年，28 条入江支流水质均达 V 类及以上，高效打赢消除劣 V 类水体攻坚战。

南京的母亲河：秦淮河

秦淮河

在南京城市史上，秦淮河被世世代代的南京人看作是母亲河。秦淮河之于南京，就相当于黄浦江之于上海，珠江之于广州，塞纳河之于巴黎，泰晤士河之于伦敦，它已经成为南京城的生命符号，也是南京城的历史符号和文化符号。由秦淮河水孕育而来的秦淮一名是南京的一个重要代名词。秦淮河作为南京的母亲河，哺育了南京城、南京人。南京城从无到有、从小到大，从地方小城成为六朝古都、十朝都会，与秦淮河的滋养密不可分。

人与自然和谐共生之河

秦淮河本名龙藏浦，意思是"藏龙卧虎之水边"；又名小江，这是相对于习称大江的长江而言；又叫淮水，相传是秦始皇开凿，故名秦淮河。

早在唐朝，人们就对秦始皇开凿秦淮河的传说产生了怀疑，当时的学者许嵩《建康实录》记载秦淮河"其二源分派屈曲，不类人功，疑非秦始皇所开"。到了20世纪30年代，经过地质学家的调查勘探，证明秦淮河是一条天然河道，但不排除秦始皇曾经拓宽其中某一段河道的可能性。1927年，翁文灏发表《中国东部中生代以来之地壳运动及火山活动》一文指出，大约在一亿年前，以河北燕山为中心的地壳运动——燕山运动，影响了我国东部大部分地区，形成了宁镇山脉。到了大约一千万年前，南京地区地壳抬升，地表受到流水侵蚀，秦淮河与南京段长江、滁河就是在这一时期发育形成的。

秦淮河最初是一条天然河流，在历史上因其地位重要，历代王朝不断地进行疏浚、拓宽、延长，使之成为一条人工与天然相结合的河流。

秦淮河从河源到三汊河入江口，全长约110公里，流域面积2631平方公里，是长江下游一条较大的支流。它有南、北两个源头：北源句容河，来自宁镇山脉的宝华山，南行过句容城后折转向西行，与赤山湖水汇合，经江宁区湖熟街道，在方山附近的西北村与南源合流；南源溧水河，来自横山山脉的东庐山，经江宁区石湫、秣陵街道至方山附近的西北村，与北源合流，形成秦淮河的干流。

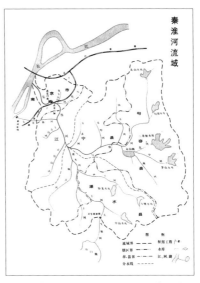

秦淮河流域示意图（《南京水利志》）

六朝时期，秦淮河在今水西门附近入江。当时的秦淮河，其下游从六朝建康城南穿过，河面宽广。据唐朝许嵩《建康实录》记载，当时秦淮河上的朱雀桥，长90步，宽6丈。根据吴承洛《中国度量衡史》研究成果，唐朝的90步约相当于今天的139.95米，6丈相当于今天的18.66米。绵延宽阔的秦淮河，既是都城建康（今南京）南面的一道重要军事屏障，同时又是重要的水上交通运输要道。当时的秦淮河上，有24座浮桥。其中著名的有朱雀航（朱雀桥）、骠骑航、竹格航、丹杨郡城后航

17

等。今天的中华门北镇淮桥所跨的内秦淮河，就是六朝秦淮河的孑遗。

五代十国时期，杨吴权臣徐知诰（即后来的南唐开国皇帝李昪）奉国主杨溥之命，筑城掘濠，拓广金陵城，将原来在六朝建康城外流淌的秦淮河包入城中。后来由于居民的不断侵占，河道愈益狭窄，仅通舟楫。杨吴政权在修筑金陵城的同时，开凿护城河，其中城南的护城河和城东、城西的部分护城河成为今天南京外秦淮河的前身。

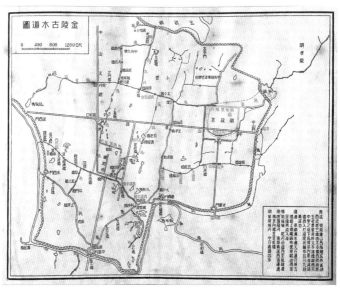

金陵古水道图（朱偰《金陵古迹图考》）

18

自此，秦淮河在通济门外分为两支：一支经过通济门外九龙桥，由东水关入城，纳杨吴城濠（今秦淮河东支）南来之水，向西一路流经夫子庙的平江桥、文正桥、文源桥、文德桥、来燕桥、武定桥、朱雀桥以及中华门内的镇淮桥等，在水西门南侧的西水关出城，与外秦淮河汇合，然后向北流，在三汊河汇入长江。流经南京城内的这支秦淮河，称为内秦淮河，也就是人们通常所说的"十里秦淮"。这是秦淮河天然的河道。

　　另一支绕通济门外，沿着城墙向南流，过武定门外，在南京城的东南角折而西流，经雨花门、中华门、长干门外，在南京城的西南角折而北流，过集庆门通道外，至水西门外，与内秦淮河汇合。流经南京城外的这条河，

小桃园段城墙与外秦淮河

是五代杨吴时期开凿的环绕在金陵城外的护城河，经过南唐、明代等王朝的不断疏浚，成为南京城的主要水上交通线，我们称之为外秦淮河。

而从水西门往北，秦淮河绕着明城墙，在三汊河附近流入长江。这条河流又名新开河，是宋元时期在秦淮河故道基础上疏浚而成，现在也称为外秦淮河。

据《南京市政建设志》记载，1959 年，以流域性抗旱和城区防汛排涝为主，对秦淮河下游的主流进行改道。主流改道工程从中和桥下游的象房村附近开始，到武定门止。新挖河道长 1 公里，原来经过通济门的旧河道仍然保留。在新开的河道上，建钢筋混凝土的节制闸 1 座，设计行洪流量每秒 450 万立方米。1969 年 5 月，疏浚三山桥至武定门段外秦淮河，在武定门附近的护城河（外秦淮河）上，建成排灌两用的武定门泵站 1 座；同时，在泵站上游通济门附近，建成九龙桥三孔闸 1 座，改建东水关九孔涵闸。武定门涵闸建成后，在引入长江之水补给秦淮河上游的溧水、江宁等地农田灌溉水源的同时，也为南京城区防汛排涝及引水换水发挥了巨大作用。然而，武定门泵站的建成，切断了原来的外秦淮河航道，使外秦淮河成为一条"流而不动"的河，成为今日南京外秦淮河保护利用和旅游开发的瓶颈。

武定门节制闸段秦淮河落日

卓尔不群的秦淮文化

秦淮河流经溧水、江宁到南京城区，世世代代滋养这一片土地，哺育南京先民繁衍生息，孕育了点将台文化与湖熟文化。秦淮灯船甲天下，桨声灯影秦淮河，这是人所共知的秦淮河的魅力所在。历代文人以秦淮为对象，吟咏出流传千古的诗词歌赋。杜牧的"烟笼寒水月笼沙，夜泊秦淮近酒家"，给人以无限遐想；1923年，朱自清、俞平伯畅游秦淮河，写下脍炙人口的同题作文《桨声灯影里的秦淮河》，至今仍让人回味无穷。

秦淮河畔，曾经产生过南京历史上主城区的第一座城池——越城，诞生过江南第一座寺庙——建初寺，

内秦淮河夫子庙段

矗立过中世纪世界七大奇观之一——大报恩寺琉璃塔，产生过江南最大的科举考场——江南贡院以及富有地方特色的秦淮河房，还催生出文学名著《儒林外史》《桃花扇》；2008年，在长干寺地宫发掘出土释迦牟尼顶骨舍利……

由秦淮河孕育而来的秦淮一名，无疑是南京当之无愧的代名词之一。明朝吴兆《秦淮斗草篇》、清朝蓼恤《秦淮竹枝词》、民国吴梅《翠楼吟·秦淮遇京华故人》等诗文中，秦淮都被用作南京的代称。不可否认，"秦淮"含有浓郁的脂粉气。清朝雪樵《秦淮闻见录》、捧花生《秦淮画舫录》《秦淮画舫余谈》、张曦《秦淮艳品》、萍梗《秦淮感旧录》、闲闲山人《秦淮艳史》、栩栩子《秦淮八仙小谱》、缪荃孙《秦淮广纪》，以及张景祁撰、叶衍兰绘《秦淮八艳图咏》等作品，无不与金陵妓女有关。而明末清初诞生的秦淮八艳，更让金陵佳丽名扬天下。

秦淮渔笛（明朝郭存仁《金陵八景图卷》）

秦淮河在明代就以"秦淮渔笛"闻名于世，并被画家黄克晦和郭存仁列为"金陵八景"之一。在明代朱之蕃、陆寿柏编绘的《金陵图咏》中，秦淮河以"秦淮渔唱"被列为"金陵四十景"之一。清代"金陵八家"之一的高岑应江宁知府陈开虞的邀请，为《江宁府志》绘制《金陵四十景图》，"秦淮"名列其中。此后，"秦淮渔唱"又被清代徐藻和长干里客分别列入"金陵四十八景"之中。

滋养首批居民之河：金川河

金川河（崔龙龙 摄）

金川河，六朝时称紫川，明初称漕运河或运粮河，因南京明城墙京城城门金川门而得名。它是流经南京主城区北部的长江支流，也是南京城内仅次于秦淮河的第二大河。最初它是一条天然河道，在南京城发展的过程中，其身份由天然河道转变为自然与人工相结合的河道。

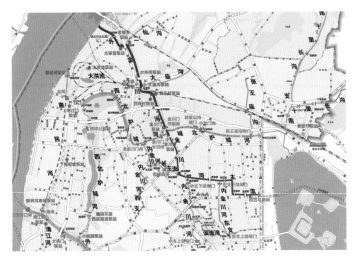

金川河水系图

　　金川河发源于鼓楼岗北麓和五台山北麓，两源之水汇合于今天的山西路附近，流经三牌楼附近倒桥（一作导桥）又分为数支。一支东流至工人新村折向南，沿着新模范马路，通过大树根水闸入玄武湖，并与玄武湖北的南十里长沟、西北的护城河相通。另一支至瓜圃桥附近，再分为两支：一支向西北出金川门入西北护城河，另一支穿福建路、建宁路、沪宁铁路、水关桥、宝塔桥，在南京长江大桥西边流入长江。

　　远古时期，金川河水系不仅与长江、玄武湖连为一体，而且与秦淮河水系也互相连通。距今约六千年，南京城区迎来了首批居民——北阴阳营人。他们生活在南京市中心鼓楼西北侧的北阴阳营，种植水稻，饲养家畜，从事采集、渔猎等经济活动。令人惊奇的是，在他们的墓中，出土了许多色彩斑斓的雨花石，表明先民们已经具有较高的审美情趣。到了距今3000年前，南京沿江河湖地带广泛分布着青铜时代人类的聚落，南京的玄武

鼓楼西北的北阴阳营遗址及考古发掘工地
（《北阴阳营——新石器时代及商周时期遗址发掘报告》）

湖、锁金村等地均留下了先民们活动的遗迹。金川河的水滋养了这些南京先民，他们的聪明才智为日后南京城的形成和发展奠定了坚实的基础。

六朝时期，金川河水系依然通过南京城市南北的分水岭一段——鸡笼山和九华山之间的狭窄人工河道潮沟，与秦淮河水系相连。每当江潮上涨，江水由金川河回流至玄武湖，再经过潮沟倒灌到六朝宫城周围的城濠之中。南朝刘孝威《登覆舟山望湖北》首句写道："紫川通太液，丹岑连少华。"诗中的"紫川"和"太液"分别指的是金川河和玄武湖，"丹岑""少华"分别指紫金山和九华山。当时，金川河是沟通玄武湖与长江的重要水道，六朝军队的北伐多从金川河进入长江，启程北上；六朝水军在玄武湖操练，也多从长江经由金川河进入玄武湖。

令人费解的是，自六朝后，金川河几乎在所有历史典籍中销声匿迹，其名称也成为历史之谜。直到明朝，因靠近南京城墙金川门，所以被称为金川河。当时的金川河不仅是沿岸驻扎军队和居民的引用水源，并作为重要的航道，东达狮子桥，南至阴阳营，西抵古平岗，承载粮草及大量生活物资的运输。

中华人民共和国成立以来，金川河一直是南京市城北地区的主要水系。金川河水系包括城北护城河、南十里长沟、张王庙沟、大庙沟、老虎山沟等17条河道，总长度为32公里，其中主要河道有内金川河和外金川河（以金川门节制闸为界），内金川河长9.92公里，外金川河长约2.9公里。

内金川河（即金川河主流，自源头至金川河节制闸）在中华人民共和国成立后，由于淤塞等原因，进行了人工改道。改道的路径是：从三牌楼倒桥以下，经萨家湾、金川门、四所村、晓街一带，1958年新开河道总长2095米，其中自东瓜圃桥向北至城墙根，新挖河道长865米，河底宽7米，河底标高5.5—6.3米；自老城

南京邮电大学内的金川河（崔龙龙 摄）

墙基向北，新挖河道长 1230 米，经安乐村至铁路涵与原河道相接，设计河底宽 12 米，河底标高 5 米。

外金川河（自金川河节制闸到入江口）出节制闸后，汇聚中央门附近的城北护城河、南十里长沟、玄武湖等来水，流经引水渡槽、长平路桥、沪宁铁路涵、水关桥，受二仙桥沟、老虎山沟来水，过南京长江大桥附近回龙桥至宝塔桥入江。长 2898 米，河面宽 36—50 米，河底标高 4—5 米。

随着城市化、工业化发展，金川河水系淤塞严重、污染加剧、生态衰退、水质恶化，许多支流因道路、房屋覆盖而成为地下暗河。加上多年来金川河河道污染和

金川河泵站（崔龙龙 摄）

两岸违章搭建颇为严重，沿河居民生活环境较差。2003年，有关部门结合城北污水处理收集系统的建设，对金川河、西北护城河、南十里长沟等总长度20余公里的河流两岸进行了全面整治，截流污水、护砌堤岸、清除淤泥，并在两岸建设景观带，使金川河、西北护城河、南十里长沟从此告别"脏、乱、差"。2005年，内金川河、西北护城河小桃园段通过整治，已开始初现城北内河的秀丽风景。2010年11月，南京市启动"金川河—玄武湖水系整治"。通过整治，金川河沿岸的环境和水质得到了全面提升。同时，南京市修建了亲水平台，市民可以沿河散步。2011年6月整治工程结束后，修建了"清源亭"并刻碑以记录。

在对金川河流域改造的同时，南京市还精心打造了十处景观，分别是：金源秋韵、青石品茶、瓜圃吟月、草桥春晖、神策烟柳、钟阜飞霞、三河听涛、幕府尝鲜、回龙探珠和川底望江。如今，这十个景点已成为沿岸居民休闲娱乐的好去处。

南京江北第一河：滁河

滁河

　　滁河自西向东流经安徽、江苏两省，是流经南京六合区（包括江北新区）的一条重要河流，不仅对沿线地区的泄洪、灌溉、航运起到重要作用，同时也是飘荡在江北大地上的一条优美风光带。

滁河，古称涂水、滁水，位于长江下游左岸。发源于安徽省肥东县梁园附近，流经安徽、江苏两省的 11 个县（市、区）汇入长江，全长 269.2 千米，其中六合区（包括江北新区一部分）境内干流全长 71.89 千米，宽度近 100 米。

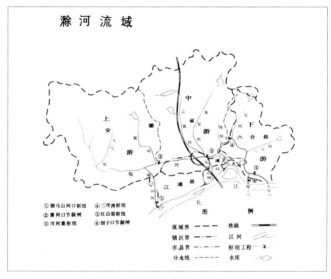

滁河流域示意图（《南京水利志》）

滁河流域的文明起源较早，已经发现的古文化遗址有六合区羊角山遗址、平顶山遗址，浦口区营盘山遗址、杨山遗址、大古堆遗址、曹王塍子遗址、蒋塍子遗址、牛头岗遗址等。此外，公元前 6 世纪，这里还诞生了南京最早见于历史记载的城邑——棠邑。

滁河自西向东，河道曲折，在葛塘街道前程村小头李组入六合区境，自东北折东南流经龙池、雄州、长芦、龙袍街道，至东沟镇大河口入长江。两侧支流众多，北侧有八百河、皂河、沛河、来安河、清流河等，南侧有划子口

浦口营盘山遗址出土的陶质人头像（南京市博物馆 藏）

河、岳子河、马汊河、朱家山河等。

1949 年前，滁河南侧入江河道仅有朱家山河、岳子河、划子口河等，由于汛期水流量大，来水迅猛，宣

新禹河与滁河交汇处（崔龙龙 摄）

泄不及，导致地势低平的沿河地区屡屡遭受洪水的严重威胁。中华人民共和国成立后，为提高滁河防洪能力，有关部门实施滁河治理工程，包括滁河干流治理、水利枢纽工程兴建和分洪道建设等。自20世纪70年代起，先后对朱家山河口至马汊河河口段的干堤进行加固加高，并对池湾、东湾、西耕余、后河濠等河湾实施裁弯取直。同时，在安徽驷马山和江苏马汊河开挖两条分洪道，增修水库，并添设河道节制闸。至20世纪90年代初，滁河洪水分段调节泄入长江的入江河道，自西向东有驷马山河、朱家山河、马汊河分洪道、划子口河等，均在南侧，尾闾于大河口入江，使得滁河的泄洪能力得到较大改善，干旱时还可以用作引水河道。

滁河两岸优美的风光（浦口区水务局 提供）

滁河与雄州大桥（从滁河湾湿地公园拍摄）

　　近年来伴随着滁河沿岸治理的加快，河流防洪治理、大堤加固和生态修复已被政府部门提上日程，原有大堤后退 10—60 米，在行洪水道得以拓宽的同时，滁河在传统的泄洪、灌溉、航运功能之外，更成为沿线城乡的一道优美风光带。

南京最古老的运河：胥河

胥河

　　胥河，又名胥溪河、胥溪、五堰河、伍堰河、鲁阳五堰、胥溪运河、淳溧运河等。地处太湖之西，横贯高淳区境，西通固城湖，东连荆溪河，全长 30.6 公里，分为上河、中河、下河三段，是南京历史上最早开凿的运河，至今对苏皖二省之间的航运和农田水利有着重大作用，在我国水利史上也占有重要地位。2019 年，"胥河高淳段"入选"江苏最美运河地标"之列。

運河之祖

春秋時期，各諸侯國之間攻伐不斷。為了整合局部資源，提高軍糧輸送和兵力運送的能力，各國紛紛開始開鑿人工運河。關於胥河的形成，歷來說法不一，其中影響最大、流傳最廣的一種說法認為是春秋時期伍子胥所開鑿。伍子胥（前559—前484年），名員，字子胥，楚國人。春秋末期吳國大夫、軍事家。伍子胥之父伍奢為楚平王子建的太傅，因受費無極讒害，與其長子伍尚一同被楚平王殺害。伍子胥從楚國逃到吳國，成為吳王闔閭重臣。

北宋元祐四年（1089），著名水利專家、宜興人單鍔在《吳中水利書》中記載錢公輔與他談論"伍堰"對於防守金陵的作用時寫道："公輔以為伍堰者，自春秋時，吳王闔閭用伍子胥之謀伐楚，始創此河，以為漕運，春冬載二百石舟，而東則通太湖，西則入長江，自後相傳，未始有廢。"這是胥河是由伍子胥所開鑿的最早記載。明朝韓邦憲《廣通鎮壩考》亦云："春秋時吳王闔閭伐楚，用伍員計，開河以運糧，今尚名胥溪，及傍有伍牙山云。……鎮西有固城邑遺址，則吳所築以拒楚者也。自是湖流相通，東南連兩浙，西入大江，舟行無阻矣。"

據說胥河開通後，吳國六萬水軍由太湖出發，沿著

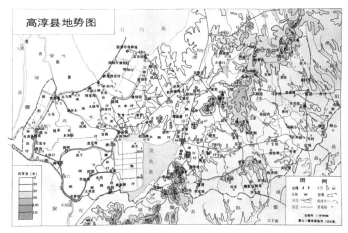

高淳地势图（《高淳县志》）

胥河悄悄西进，最后突然出现在巢湖楚军面前，结果五战五捷，攻破楚都郢。伍子胥不仅报了父兄之仇，也成就了吴王的霸业。

　　胥河作为中国最早的运河之一，虽然服务于诸侯争霸的目的，但也在客观上促进了沿线地区的经济发展，并逐渐成为沟通长江中下游与太湖腹地的重要水上交通运输线。

历史变迁

　　胥河横穿茅山山脉西南丘陵地带，岭脊高程为海拔20米左右。河道分别向东西倾斜，而水位则西高东低，平常相差5—6米，汛期水位差更高，西水东注，大大增加太湖地区洪水威胁；冬季水流干涸，不能通航。

针对这一地形特征，唐末在今固城镇至定埠之间河段上修筑土堰五道，古称"鲁阳五堰"，借以蓄水通舟，并节制西水东流。五堰使胥河的水位差分散在各个河段，有利于船只顺利通过。关于五堰的名称，据《光绪高淳县志·古迹志》载："五堰，一曰银林堰，长二十里；少东曰分水堰，长十五里；又东五里曰苦李堰，长八里；又五里曰何家堰，长九里；又五里曰余家堰，长十里，所谓鲁阳五堰也。"

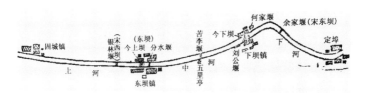

鲁阳五堰示意图（水文化丛书编委会编《水利瑰宝》）

宋时五堰渐废，改建东西二坝，因为坝低，蓄水易泄，故今高淳地区无水患，而苏、常、湖三州，当太湖水大外溢时则深受其害。宜兴进士单锷曾建议复筑五堰，未能得到采纳。至元代，河流渐塞。

明初，朱元璋定都南京，太湖流域和浙东的粮食等物资由荆溪河至胥河，经过东坝，再西行，通过水阳江到芜湖，然后顺长江而下转运至南京，可避免由江南运河到京口（今镇江）后，再经过长江逆流而上到南京的风涛之险。洪武二十五年（1392），重新疏浚胥河，在分水堰附近建石闸，启闭以通船只，命名曰广通镇（今东坝镇）闸。次年，朱元璋下令开凿胭脂河，沟通石臼湖与秦淮河之间的水路，至洪武二十八年（1395）江浙漕粮经太湖—荆溪河—胥河—固城湖—官溪河—石臼湖—胭脂河—秦淮河，至南京的漕运水路全线贯通。

永乐初年，因水阳江水系的洪水通过胥河东流下泄，造成苏州、松江发生特大水灾，于是将原来的广通镇闸改建为东坝，高厚至数十丈，严禁决泄，以缓解下游水患。永乐十九年（1421），都城由南京迁至北京，江浙漕船改由镇江渡江北上，胥河失去原来的地位，逐渐萧条。

运输船队通过东坝旧址

正统六年（1441），江水泛涨，东坝大决，苏、常沦为水乡泽国，导致"国税无所出"。后由周忱重筑东坝。嘉靖三十五年（1556），又在坝东十里许的何家堰旧址，增筑一坝（下坝），两坝相隔，从此水阳江流域的水再也不能直接东流至太湖流域。

清道光二十九年（1849）发生大水灾害，高淳圩民为了自保，掘开东坝、下坝放水泄洪，造成苏、湖、常、秀等州特大水灾。当年冬天，重新修筑东坝、下坝，次年加筑石坝。

1949 年中华人民共和国成立后，汛期东坝上下游水位差高达 8—10 米，严重地威胁到苏州、无锡等地的防洪安全。1958 年夏，苏南地区大旱，太湖西部高亢地区旱情尤其严重，为了解决旱灾问题，经江苏省抗旱会议研究，决定拆除东坝，引固城湖水抗旱。当年的 8 月 1 日，东坝被掘开。东坝被拆时，在坝基出土重达百余斤的铁质虾爬虫镇坝物，还有重达千余斤的铁质镇坝牛。同年 10 月至次年 4 月，对胥河进行疏浚。

由于东坝被拆，而 1956 年重修的下坝坝顶较低，不能防御汛期洪水，为防汛防洪，1959 年在东坝旧址下游 3.6 公里处，修筑封口坝。坝长 125 米，坝顶高程 14.5 米。同时，建副坝、涵洞和茅东进水闸及闸上下引水干渠等。

20 世纪 80 年代初,为了恢复太湖流域、秦淮河流域和青弋江、水阳江流域的航运,缩短绕道长江的航程,发展江苏、浙江、安徽和上海的航运,振兴南京市南部地区的经济,减轻京杭大运河苏南段及沪宁铁路的压力,决定拆除胥河上妨碍航行的闸坝,修建集防洪、灌溉、排水、通航于一体的下坝船闸。下坝船闸由江苏省交通规划设计院按照五级航道通航标准设计,始建于1987 年 9 月 17 日,1988 年 8 月船闸水下工程通过验收,1989 年 10 月全部竣工。它距离下坝 870 米,距离封口坝 310 米。

等待通过下坝船闸的货船

在下坝船闸建成后，下坝和封口坝分别被拆除，这条延续两千余年的古老运河恢复航运功能，成为苏皖之间重要的航运通道。2014年6月16日，芜申运河南京段改造工程正式完成，标志着连接上游长江、水阳江、青弋江和下游太湖的航运正式恢复，这条从芜湖入江口至上海的水上"沪宁高速"正式通航，古老河道再一次焕发出蓬勃的活力。

文化遗产

胥河是一条人工开凿的重大水利工程，它沟通太湖与水阳江水系，拥有很高的历史、科学、水利、交通、经济、文化等多重价值。胥河沿线既有东坝古镇（包括东坝戏台、上上街等）、淳溪古镇、固城遗址、神墩遗址等物质文化遗存的分布，又有东坝马灯、定埠跳五猖、乘马圩冻煞窠、嵩里跳幡神、伍子胥传说等非物质文化遗产，是人类宝贵的文化廊道与文化景观，应加强对胥河及其沿线遗产资源进行综合保护和利用。

东坝戏台位于东坝镇胥河北岸，原系东岳庙内酬神建筑，始建于乾隆五年（1740），光绪三十二年（1906）毁于火，民国六年（1917），由本地名匠李先春设计重建。戏台为砖木结构，单檐歇山式，坐北朝南，三面环墙，一面观戏。该戏楼分为上下两层，上层戏台，下层供戏班住榻。戏楼平面呈"凸"字形，面阔三间，高 11.5 米。面积为 159 平方米。台上中间，利用立柱隔成前后台，前台演戏，顶设八角形藻井，后台化妆。天壁朝外，上悬"柱岳擎天"横匾一方，两旁有墨绿色的楹联，横匾及楹联均系晚清解元、高淳著名书法家王嘉宾所书。正台两侧，靠倚柱用木板隔出两个子台，左台供乐队演奏，右台供上宾观戏。前台柱左右枋下之"斜撑"，雕成倒置的凤凰及太狮少狮图，造型栩栩如生，精美异常。戏楼前有前低后高的斜坡式广场，占地面积为 1600 余平方米，可容观众数千人。

东坝戏台

东坝大马灯流行于南京市高淳地区，东坝镇是它的诞生地。大马灯起源于唐朝，盛行于宋，至今已有上千年的历史，2008年，"竹马（东坝大马灯）"被列为国家级非物质文化遗产。东坝大马灯是一项模仿真马造型的民间舞蹈，表演人员多为当地村民，年龄不等，上至六七十岁的老人，下至七八岁的孩童，都可以表演。东坝大马灯的舞蹈风格独特，表演时只见"马"，不见演员，通过演员的控制，充分展示出马的昂首、抬蹄、挺身、奔腾等动作，惟妙惟肖，极富观赏性。大马灯表演的阵法也富有变化，比如在表演三国故事时，七名小演员分别扮演刘备、关羽、张飞、赵云、黄忠等人物，他们身披战袍，手拿刀枪剑戟，在鼓乐声中，跃马出征，令旗指处，阵法不断变化，由跑单穿、双穿、布阵列队、信马由缰，到围阵对敌，再现了三国英雄人物出征的恢宏气势。最后按"天下太平"四字笔画的走势跑阵收场。东坝大马灯马的制作极为讲究，马头、马身、马尾都由本地传承的能工巧匠取新竹扎成骨架，然后用绒布按人物战马所需的颜色制成马皮。马头比真马高大，马颈较大，头、颈、尾的鬃饰较夸张，缀置响铃以壮声威。东坝大马灯在创作上体现了较高的艺术价值，堪称"江南一绝"。

人文之河：青溪

青溪

青溪又作清溪，原名东渠，俗呼为长河。它最初是一条天然河流，孙吴定都建业（今南京）后，对其进行拓宽、疏浚和改造，使其成为一条人工与自然合一的河流。随着历代统治者对南京城的建设更新，今天的青溪仅存部分河道。

天人合一

青溪发源于钟山第三峰天堡城南坡，汇合钟山西段南侧溪水后，蜿蜒曲折注入秦淮河。因其迂回曲折，连绵十余里，故有"九曲青溪"之名。

孙吴定都建业（今南京）后，对青溪这一天然河道进行了拓宽、疏浚和改造。《建康实录》卷二记载，吴赤乌四年（241），"冬十一月，诏凿东渠，名青溪，通城北堑潮沟"。东渠之所以称作青溪，是因为按照中国传统的"四神"说，东方属龙，其色尚青，故名。

青溪是六朝时期建康城东最大的河流，其上有七座桥梁，最北的一座叫乐游苑东门桥；次南有尹桥；次南有鸡鸣桥；次南有募士桥；次南有菰首桥；次南有青溪中桥（今四象桥）；次南有青溪大桥（今淮清桥）。它与运渎、潮沟等一道，构建起建康城内外的水运交通网。据《景定建康志》卷一八记载，南宋时，青溪残存的上游河道仍"阔五丈，深八尺"。按吴承洛《中国度量衡史》，宋朝的一尺相当于今天的30.72厘米，阔五丈即15.36米，深八尺即2.488米。由此逆推，六朝时期的青溪宽度和深度应该相当可观。

六朝时期，青溪不仅是建康水运交通网的重要组成部分，同时也是建康城东的一道重要军事屏障，其地位

四象桥（原青溪中桥）段青溪

仅次于秦淮河。据《景定建康志》卷一八记载，刘宋末年，萧道成为齐王，驻扎在东府（今通济门外），当时卞彬受齐和帝萧宝融之托，前来拜见，对萧道成说："殿下即宫东府，则以青溪为鸿沟，鸿沟以东为齐，以西为宋。"南齐永元年间，始安王萧遥光举兵叛乱，齐明帝诏令曹虎屯青溪大桥（今淮清桥）以讨之。

人文渊薮

六朝时期，青溪沿线的名人轶事众多，文献多有记载。据《世说新语》记载，书圣王羲之第五子王徽之由外地回到都城建康，停泊在青溪码头，恰巧著名音乐家桓伊从岸上经过。王徽之并不认识桓伊，但久仰桓伊大名，听说后，命人对桓伊说："闻君善吹笛，试为我一奏。"桓伊便下车，坐在胡床上吹笛一曲，奏毕，登车而去，双方未交流一句话。这便是"停艇听笛"故事的由来。又《景定建康志》卷十八引《桓彝别传》云："明帝世，彝与当世英彦名德庾亮、温峤、羊曼等共集青溪之上。郭璞与焉，乃援笔属诗，以白四贤，并以自序。"

自六朝到清代，众多名人写下过吟诵青溪的诗章，赋予青溪丰富的文化意象。如明代朱之蕃《青溪游舫》："谁凿溪流九曲分，缘溪甲第旧连云。吴船箫鼓喧中夜，紫阁檐枇灿夕曛。烟水五湖徒浩渺，香气十里自氤氲。百壶送酒油囊载，鸥鹭无惊泛作群。"清代乾隆帝赞美青溪："发源钟阜入都城，大内经流几曲清。妙舞新歌久阅尽，官蛙尚作旧时声。"

青溪在明代被著名画家文伯仁绘入他的《金陵十八景图》画册中。此后又被明代朱之蕃、陆寿柏编绘的《金陵图咏》列为"金陵四十景"之一。清代"金陵八家"之一的高岑应江宁知府陈开虞的邀请，为《江宁府志》绘制《金陵四十景图》，青溪名列其中。此后，"青溪九曲"被清代徐藻和端木治（长干里客）分别绘入《金陵四十八景》之中。

青溪（明朝文伯仁《金陵十八景图》）

沧桑巨变

"青溪之流三变。"自孙吴至唐代，钟山西南水流潴为前湖、燕雀湖，汇成青溪，由小教场南流，历西华门、寿星桥、八府塘、青塘，至淮青桥入秦淮河。此为六朝青溪故道。自杨吴筑城开掘城濠，前湖、燕雀湖水入濠，青溪水源大为减少，同时南流的水道被湮塞，而城内唯存一段，经门楼桥等入昇平桥，汇入南唐护龙河。明初填燕雀湖建造宫城，使得青溪源流中断，上游仅存半山寺一段，下游仅剩下昇平桥至淮清桥一段。

据甘熙《白下琐言》卷七记载，至清代，青溪故道多湮塞，"所可识者，浮桥东有青溪里，是青溪南流处也；大中桥有九曲坊，是青溪南流尽处也；坊南有淮清桥，是青溪与秦淮合流处也，其水皆在秦淮之北"。

今天的青溪仅存上下两段。上段引前湖水，自半山园水闸（又名半山寺后水闸）入城，经后宰门往西流，合富贵山南麓之水，至竺桥入杨吴城濠；下段自白下路中华公寓（广艺街南端）与王府园小区之间的无名桥至四象桥再到淮清桥，入于秦淮河。这两段河道经过综合整治，河水清洁，河床整洁，周边环境优美。

青溪北段在竺桥与杨吴城濠合流

娱乐之河：珍珠河

珍珠河

　　珍珠河是六朝时期潮沟（今武庙闸至北京东路涵）与城北渠（今北京东路涵至杨吴城濠）遗留部分的合称，今天仍是南京城内的一条重要水道。

珍珠河由六朝时期的潮沟与城北渠组成，起自武庙闸，经今南京市北京东路41号、43号南京市委、市政府、市政协、市人大大院，过北京东路涵、珍珠桥、文昌桥、珠江路桥，流入杨吴城濠（秦淮河北支），全长1474米，河面宽10—20米。

潮沟是吴大帝孙权在南京城内开凿的一条重要人工河道。它北通玄武湖，将江潮引入南京城，故名潮沟。又因为位于建康宫城以北，故又名城北堑、城北沟。潮沟东连青溪，西通运渎，北连后湖，在整个六朝时期，都是建康城的一条重要水道，对于维持建康城内的水路运输和水量平衡起到了积极作用。

今南京市政协（原清朝早中期江宁府学）前的泮池

陈朝亡国后，潮沟也失去了往日的地位和作用。大约到了五代十国时期，潮沟大部分河道逐渐湮塞。明朝时期，在潮沟北与玄武湖相接处，设置了铜管，并建武庙闸。清朝时期，将潮沟之水引入江宁府学（今市政协）前的泮池，再通过文曲河西流，与进香河重新连为一体。潮沟东连青溪的河道，即东段河道如今已荡然无存，我们根据历史资料记载，覆舟山（今小九华山）南曾经有过潮沟村，推测东段河道大致在小九华山南麓的北京东路一线。潮沟西接运渎的河道，即西段河道，大致沿北极阁南麓至进香河路（路面下为进香河）北端，与运渎（今进香河）相接。

城北渠，因沟通宫城与城北的水道，故名。它是吴后主孙皓在位时期开凿的一条人工河道。吴后主宝鼎二年（267），孙皓在孙权修建的皇宫——太初宫的东面，修建了一座规模更大、功能更全、装饰更加豪华的宫殿——昭明宫，宫内亭台楼阁、假山奇石应有尽有。为了满足自己穷奢极欲的生活，他除了用珠宝玉石装点亭台楼阁之外，还雕梁画栋，同时下令开凿城北渠，连通潮沟，将玄武湖之水引入宫内，环绕在殿堂周围，营造出一派皇家园林的气象。城北渠的主要功能是满足帝王的奢靡生活，并没有实用价值。相传陈后主在宫内泛舟遇雨，水生浮沤，宫人指曰："满河珍珠也。"因而也被称为珍珠河。

珍珠河与珍珠桥

280年，孙吴亡于西晋。589年隋灭陈后，六朝宫城也随之化为废墟，但城北渠一直流淌至今。清代，以"珍珠浪涌"被列为"金陵四十八景"之一。

自武庙闸至杨吴城濠（秦淮河北支）之间的珍珠河，至今仍流水不断。近年来，在河岸两侧建珍珠画廊、游乐园、花圃等绿化小品。经过综合整治，河水清洁，河床整洁，周边环境美观。

城防之河：杨吴城濠

杨吴城濠

　　杨吴城濠始凿于杨吴权臣徐知诰（后来成为南唐开国皇帝）任昇州刺史时期，包括今天南京城内秦淮河的北支、东支，以及南京城外通济门至汉西门段外秦淮河。时光荏苒，杨吴城濠虽因时代的递迁而屡有湮塞，但大部分河道一直沿用至今。

从杨吴到南唐时期，金陵城经过前后五次的修建，突破了六朝建康城的格局，将六朝建康宫城、东府城、西州城，以及秦淮河下游两岸繁华的市场和人烟稠密的居民区全部包罗在内，成为南京城市发展史上的一座里程碑。

为了保卫都城，杨吴和南唐在金陵城的四周城墙之外，开掘了护城河，即后人统称的杨吴城濠。据明朝陈沂《金陵古今图考》记载，南唐都城江宁府城，"城周二十五里。北六朝都城，近南贯秦淮于城中。西据石头，即今石城、三山二门；南接长干，即今聚宝门；东门以

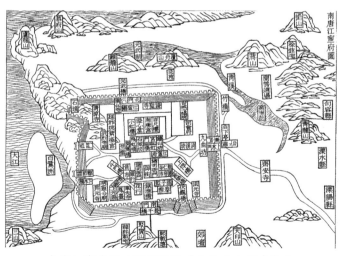

南唐江宁府图（明朝陈沂《金陵古今图考》）

57

白下桥为限，即今大中桥；北门以玄武桥为限，即今北门桥。桥所跨水，皆昔所凿城濠也"。

具体而言，南唐都城北面的护城河，现称秦淮河北支，其位置由今天的竺桥，经今天的太平桥（又称京市桥）、太平北路桥、浮桥、通贤桥、北门桥，向西过中山路涵洞，顺干河沿二号桥，沿五台山北麓，入乌龙潭，西出汇入外秦淮河。

东面的护城河，现称秦淮河东支。这段河道北段利用原青溪水道，经今天的竺桥、逸仙桥、天津桥、复成桥、大中桥向南，在通济门东水关附近与内秦淮河汇合后，继续向南过武定门，至南京城墙东南角止。民国时期的一段文学佳话令其名垂青史。1923 年夏，朱自清与

杨吴城濠北段（秦淮河北支）

俞平伯两人曾泛舟其上，撰写了同题散文《桨声灯影里的秦淮河》，描述了从东关头、大中桥到复成桥之间的风情，展现了秦淮文化的独特魅力。

杨吴城濠东段（秦淮河东支）

南面、西面的护城河，属于今天外秦淮河的一段。它由南京城墙东南角折而西流，经过雨花门外雨花桥、聚宝门（今中华门）外长干桥、长干门外饮马桥，至城墙西南角凤台桥转向北流，再经过集庆门桥、水西门大街桥、建邺路桥直到汉中门桥。

杨吴城濠最初的性质为护城河，主要功能是用于军事防御。随着时代的发展，其性质由单一的护城河变成融军事防御、交通运输、防洪排涝、日常补水等为一体的重要水道。明初大规模修筑城墙，向北、向东拓展，将杨吴城濠截为两段，留在城内的北面一段失去作用，渐被废弃。据顾起元《客座赘语》卷九记载，经过宋元时代特别是到了明代后期，因居民侵占河道，留在城内的北面和东面北段的杨吴城濠日益狭窄，仅容小

杨吴城濠南段（今外秦淮河）

船往来。而乌龙潭至进香河一段因地势较高，至迟在
清代中期水量已不稳定。据《重刊嘉庆江宁府志》卷
七记载，"旧志叙杨吴城濠皆自北门桥始，今考其形，
自北门桥而上有沟名干河崖者，亦杨吴之旧迹也。今河
虽涸竭，而水发时则经焦状元巷小桥流出其故道，殊未
湮云"。

　　南唐都城北面中东段、东面北段的杨吴城濠分别构
成了今天的秦淮河北支和秦淮河东支，西面、南面和东
面南段的杨吴城濠构成了今天南京的外秦淮河。时至今
日，杨吴城濠除了干河沿至乌龙潭段变成人烟稠密的居
民区和车水马龙的道路外，其余各段都保存较好，且河
水清洁，河床整洁，环境美观。

民生之河：惠民河

惠民河（崔龙龙 摄）

惠民河，史称惠通河。位于南京市鼓楼区的下关地区。原系外秦淮河入江段，是一条汊江。河道南起秦淮河的三汊河，北至老江口（南京西站附近）入江。在三汊河附近向东北流，经中山桥、惠民桥、铁路桥和龙江桥，在南京西站附近汇入长江。

明朝时期，南京成为都城，人口急增，百业兴旺，商业繁荣。明朝政府为满足城内外交通的需求，将外秦淮河、护城河、惠通河连通。

历史上，惠民河一直是下关地区重要的水上交通要道，也

惠民河旧影

是人们进入南京城内的重要通道。繁忙的时候，河上帆樯林立，百舸争流，两岸人头攒动，货栈鳞次栉比。然自清末以来，惠民河河道淤塞，堤岸残破，两岸长期受到洪水威胁。

清光绪三十二年（1906），以工代赈，拓宽河道，加固两岸河堤。民国三年（1914）改称惠民河。河道自外秦淮河的三汊河起，至老江口止，全长 3037 米，河面宽 50—78 米，河底宽平均 9 米，河底标高 3—5 米。

中华人民共和国成立后，有关部门多次对河道进行疏浚，对堤岸进行加固。但由于在城市化过程中保护不力，自 20 世纪 80 年代起，惠民河的河水开始变质，逐

渐变成一条"臭河"。

1998年,长约2.8公里(起自南闸泵站,终点是长江)、宽45—70米的惠民河大部分被填埋,建于1928—1929年的中山桥同时被拆除。1999年,在填平的河上开辟了一条惠民路(现郑和中路),并在河床埋设2.2公里的涵管,形成暗沟,替代原河道的排水功能,惠民河露天部分仅剩下入江段约600米。

现在的惠民河为鼓楼滨江地区一条重要的防汛排涝内河。2014年3月至2015年5月,在惠民河入江口处建立了惠民河水利枢纽,由惠民河口闸和惠民河口泵站两部分组成。建成后的惠民河口闸最大排放量达每秒25立方米,泵站总流量达到每秒10立方米。惠民河水利枢纽与几乎同时建成的惠民河桥一起,成为游客观江、

惠民河水利枢纽(崔龙龙 摄)

从惠民河入江口看南京长江大桥

亲水、游览岸线的重要通道。

2017—2018 年，南京市政府对滨江的惠民河进行全面升级改造，加固河底及坡岸，两岸铺设人行栈道，改造后的惠民河成为一条景观河，与旁边的新建小区、滨江风光带连成一个整体。

帝国动脉：天生桥河

天生桥河

　　天生桥河原名胭脂河，是明太祖朱元璋定都南京后开凿的一条重要的人工运河，是明朝初年南京的政治、经济和交通命脉，距今已有600余年的历史。河流两侧岩石呈赤色，沿岸风景秀丽，被称为"江南小三峡"。

天生桥河位于南京溧水区西部，流经今洪蓝镇、在城镇，沟通石臼湖和秦淮河流域，为古代著名的切岭运河之一。河道北起一干河的沙河口，穿过石臼湖与秦淮河的分水岭胭脂岗，向南至洪蓝埠，由毛家河经仓口村流入石臼湖，全长 7.5 公里。

帝国动脉

洪武元年（1368），朱元璋建都应天（今南京），南京第一次成为大一统王朝的政治、经济、文化中心。为了满足当时居住南京的皇室、勋戚、官宦、军队、富商大贾以及为他们服务的各色人等的庞大消费需求，明朝政府通过水运、陆运等方式，将农业发达、经济富庶的太湖流域包括粮食在内的各类物资源源不断地运送至南京，其主要路线有二：一条是水陆结合的运输线，漕船沿江南运河北上至丹阳，因这时的破岗渎与上容渎都已废弃，在丹阳改用车辆翻越山岭，然后再经秦淮河转运至南京。这条线路虽避免了长江水道的风险，但中间的百余里陆路崎岖难行，费时费力。另一条则是水上运输线，漕船经江南运河入长江，因镇江运道不畅，漕船或在无锡北折由江阴运河入江，或至常州北折经孟渎入江，然后溯江至南京。由于长江风大浪急，漕船常常倾覆。

为解决漕粮运输中的突出问题，洪武二十六年（1393），明太祖朱元璋命崇山侯李新征调大批民工，疏浚胥河并开凿胭脂河。胭脂河工程于当年开工，洪武二十八年（1395）完工。河道最深处 35 米，底宽 10 余米，上部宽 20 余米。开凿这样一条人工运河，要经过长达 4.5 公里、高度 20—35 米的胭脂岗。

胭脂岗南起洪蓝镇竹山村西，北至在城镇缸窑坝村东，岩层由砂岩、砾岩及部分页岩组成，十分坚硬。要开挖深达 30 米左右的人工河，在没有现代爆破技术的施工条件下，不仅任务重，期限也很急迫。据史料记载，

溧水区水系图局部（南京市水务局 提供）

李新采取了"烧麻炼石，破块成河"的办法，利用热胀冷缩的原理，焚石凿河。"火焚之，水激之"，用铁钎在岩石上凿缝，将麻嵌入缝中，浇上桐油，点火焚烧，直到岩石通红，泼上冷水，热胀冷缩的原理使岩石形成了一条条裂缝，再将石块撬开，搬运出去。

天生桥河

现在胭脂河两岸山冈上将近 7 万平方米的范围内，还堆积着当年切岭时开凿出来的石块，大的重达十余吨。在当时没有起重机械的条件下，全凭服役民工齐心协力拖拽而出，整个工程由广大民工的血汗凝成。据史料记载，当年为了开凿胭脂河，参加者"六郡民工"被"役而死者万人"，可以想象施工的艰辛。民间相传，在天生桥东北冈阜之下，今名为凤凰井景区（过去称作荷花塘）的地方即是当年的"万人坑"遗址，也就是当年服役而死的民工的丛葬地。

胭脂河的开凿，沟通了石臼湖与秦淮河水路，自此江浙漕粮经太湖—胥河—固城湖—石臼湖—胭脂河—秦淮河至南京的漕运水路全线贯通，为都城南京的物资需求提供了坚实保障。

寻常水道

永乐十九年（1421），明成祖朱棣将都城迁往北京，从此江浙漕船不到南京，改由京口渡江运至北京，胭脂河遂逐渐失去其重要作用，虽作为区域水利工程仍在发挥作用，但由于地位的下降，维护管理不善，河道逐渐湮塞。

据《明史·河渠志》，正统五年（1440），"胭脂河者，溧水入秦淮道也。苏、松船皆由以达，沙石壅塞，因并浚之"。正统五年的这次疏浚，距明初开凿此河仅47年。据《嘉靖高淳县志》，嘉靖七年（1528）春，"天生桥南桥忽崩摧，盖岁受风雨剥蚀，抑轮蹄踩蹦之

天生桥河

久且众也"。巨大的岩石桥面崩落河中，使河道淤阻更加严重。据《光绪高淳县志》，万历十五年（1587）夏，胭脂河因"大水，胭脂冈崩裂数百尺，填塞河道。湖水大涌,（高淳县）五邑田圩皆成广阳侯之居"。

据《民国高淳县志》，万历二十五年（1597），高淳知县丁日近主持疏浚河道，又复通水。因当地民众贪图小利，人为搬石块置于河中造成阻塞河道，影响了洪水下泄，为此官府出面禁止，立禁约碑于胭脂河畔，声明"如有地方居民，故将石块填塞河道以妨水利者……从重处治，决不轻恕"。

胭脂河的淤塞断流当在明末清初。清朝嘉庆年间，"胭脂河运废，而水未尽涸"。至光绪年间，据《光绪溧水县志》，"胭脂河……地踞高阜，淤塞已久，今河道断绝"。民国时期，亦曾有过多次疏浚之议，均未实行。

中华人民共和国成立后，朱偰曾亲往调查，他认为

"现在河道虽然埋塞，然加人工疏凿后，仍可通航"。1966 年 10 月，溧水县人民委员会经镇江市专员公署向省水利厅报送了《天生桥河道工程规划》文件；次月，经江苏省人民政府批准，由镇江地区主持，溧水、江宁、句容三县共同疏浚。工程需建设套闸、桥梁并疏浚河道，省级投资 100 万元，土石方工程由受益县（江宁、句容、溧水）共同承担，各负责工程量的 30%、20% 和 50%。土石方工程于 1968 年 10 月动工，1971 年春全部完成，历时三年。在南天生桥旧址处，建天生桥闸套闸（上下各一闸）一座，按六级航道标准建造，1972 年完成。从 1966 年开始至 1972 年为止，前后历时六年浚深、拓宽胭脂河，使其在防洪、引水抗旱、航运和引清水入南京城方面，重新发挥重要作用。

文化根脉

今天，天生桥河不仅是南京地区一条重要的河流，同时也是一条线性的文化遗产带，汇聚了众多的物质和非物质文化遗产。

关于胭脂河名称的由来，民间相传，秦淮女仙曾泛舟河上，信手将胭脂点染在崖壁上，从此，这条河便有了个美丽的名字——胭脂河。其实，这是几千万年前的沉积岩石中含有的铁质被氧化的结果，是大自然涂抹的颜色。1984年，在金陵新四十景评选中，胭脂河以"凝脂沉霞"被评为"新金陵四十景"之一，同时入选的楹联写道："落红阵阵，色染微漪，点三篙，添无穷画意；余霞散绮，光揉细浪，垂一线，钓不尽诗情。"

调查发现的胭脂河文化遗存分布示意图（《南京溧水胭脂河考古调查报告》）

在开凿胭脂河时，工程的设计者选择两处石质最硬、地势最高的地方留存下来，作为人行通道，由此留下了一南一北两座桥（一座是现在的天生桥，另一座在今天生桥套闸处）。据《重刊嘉庆江宁县志》，"上以巨石面留为桥，中凿石孔约二丈许，以通舟"；《万历溧水县志》，"桥因势而成，故名天生"，这就是著名的天生桥。这样做，一方面，可以使开河过程中两岸交通不受影响；另一方面，减少了一定量的石方工程；同时，又节约了开河后建桥的资金，可谓一举三得。可惜南桥早在1528年便崩塌，仅余北桥。天生桥为天下一绝，有鬼斧神工之妙。现存的天生桥长34米，桥面宽8—9米、厚7—8.9米，桥面离水约35米，南北倾斜，桥洞略呈梯形，宽12米，高20余米，犹如"长虹卧波"，据说这样的桥中国仅此一座。现在此处已成为一大胜景。天生桥是我国仅存的古代人工运河上，横跨两岸巨石而成的天然桥梁。1988年，"胭脂河—天生桥"被列为江苏省文物保护单位。2019年，"溧水胭脂河（今天生桥套闸）"入选"江苏最美运河地标"之列。

天生桥河流经的洪蓝埠，地理位置优越，历史文化悠久，是江苏省百家名镇之一。洪蓝埠现存不少遗迹，其中，民居分布于洪蓝镇洪蓝桥以南的胭脂河两岸，为晚清至民国时期的民居，目前保存数量不多，而且由于长期无人居住，年久失修，保存状况不佳；洪蓝土地庙，位于洪蓝桥西端南侧，坐北朝南，分为前后二殿，内供城隍爷和洪蓝土地神；土墩墓，位于洪蓝镇上头刘村北约150米，平面近圆形。洪蓝埠还有一些具有地方特色的非物质文化遗产。姜家村的打水浒，讲的是水浒一百零八将的故事，动作刚猛，舞风剽悍，表现了当地百姓的尚武风气；蒲塘桥庙会上的抛叉，是一个传统表演项目，表演者手持三股钢叉，呛啷作响，惊险异常；踩高跷主要在庙会上表演，它的最大特色是高跷的高度达到了1.5米，演员装扮成八仙、《西游记》中的人物等，高高在上，令人"仰"为观止。

水利要脉：朱家山河

朱家山河（崔龙龙 摄）

朱家山河位于浦口区境内，自朱家山凿开，上通天然河，下连黑水河，是滁河分洪入长江的重要人工河道。

朱家山河是由浦口区北城圩古沟浚拓而成的分滁河洪水入江的人工河，因滁河流域地形狭长，干流护坡平缓，而支流源短流急，沿河无湖泊积蓄洪水。每当遇到暴雨，滁河流域常常洪水泛滥成灾。因此，历朝历代对滁河泄洪问题十分关注。

早在成化十年（1474），明朝政府就决定开通"江浦北城圩古沟即天然河"与"浦子口城东黑水泉古沟即黑水河"之间的山冈，将滁河和大江连接起来，以利于抗旱排涝。但不知是何缘故，这一决议直到明末都没有得到落实。

清朝建立后，曾多次议开此河，但因种种原因，直到光绪八年（1882），左宗棠担任两江总督才最终开凿成河。左氏采纳尊经书院山长薛时雨的建议，派军士挑土凿石，历时 18 个月告成。其流经浦口者，自碧泉至旧大功桥，河道仍旧；而大功桥以下，则改由六合境之晒布场，江浦境之湾头街、祝家塘、康家圩而西入四泉河，黑水河下流之故道遂废。

朱家山河经过左宗棠的开通，不仅沿江圩田平时均受其利，即使山水突然到来，也使当地百姓免遭庐舍牲畜漂没之灾，而且运输粮食等各种物资的货船，沿着朱家山河航行，避免了长江风高浪急的覆舟之险，于农于

朱家山河（崔龙龙 摄）

商堪称两便。

此后，因长江水道变迁和水利建设需要，先后开挖老江口至浦镇东门段，以沟通长江；改建东门黑桥，兴建老江口控制闸，大大提高了河流的行洪和抗旱能力。根据记载，现在的河流北起北城圩张堡，经板桥、浦口，南入长江，全长 18.1 千米，其中浦口区内长 8 千米，水面面积 5 公顷，行洪流量达 100 立方米 / 秒，受益农田面积 1300 公顷。

朱家山河河流两岸分布有居民楼、工厂、高架桥，过去该河整体水质较差，河水浑浊，流经中国中车浦镇车辆厂前面的一段河流污染尤其严重。经过综合整治，如今的朱家山河大部分河道面貌焕然一新。

当代第一运河——秦淮新河

秦淮新河（将军大道与花神大道交界处）

秦淮新河是 1949 年中华人民共和国成立后，南京地区最大的水利工程，它与春秋时期的胥河、孙吴破岗渎、明朝胭脂河并列为南京四大著名水利工程。

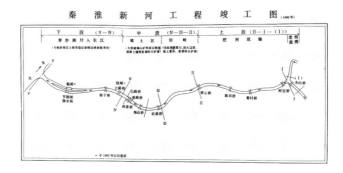

秦淮新河工程竣工图（《南京水利志》）

1969年秦淮河流域大洪水后，开辟新河分洪的问题，被提上了江苏省和南京市人民政府的议事日程。江苏省水利厅提交了东线和西线两套方案。最后西线方案被采用。秦淮新河自 1975 年 12 月 20 日开工建设，至 1979

秦淮新河与河定桥

大胜关大桥和秦淮新河入江口

年11月竣工，1980年建成通水。它集行泄洪、灌溉、航运等功能于一体，成为南京地区一条重要的内河入江通道。

秦淮新河起自江宁区东山西面的河定村河定桥，向西切铁心桥分水岭，纳西善桥山沟之水，再西行穿过双闸镇沙洲圩，在大胜关金胜村注入长江，流经江宁、雨花台和建邺三个区，全长16.88公里，河面宽130—200米不等。

秦淮新河建成40年余来，在南京的防汛、抗旱、排涝和航运、旅游等方面发挥了重要作用，同时，它更是南京人民团结一心、不畏困难的精神的体现。

1984 年，在"金陵新四十景"评选中，秦淮新河上十座造型各异的钢筋混凝土桥梁，以"十虹竞秀"之称名列其中。这十座桥从东到西依次是：河定桥、曹村桥、麻田桥、铁心桥、红庙桥、梅山桥、红梅桥、铁路桥、西善桥、格子桥。当时有文人以楹联赞曰："一水旧秦淮，夜泊何须吟旧韵；十桥新建业，春游只合唱新诗。"

2018 年以来，南京市旅游集团以南京明外郭和秦淮新河为核心，打造明外郭—秦淮新河百里风光带。秦淮新河将再一次华丽转身，展现更加绚丽夺目的风采。

下篇　湖泊

金陵明珠：玄武湖

玄武湖

　　玄武湖位于长江下游南岸金川河支流上游，东枕紫金山，南、西两面环绕明城墙，北邻南京火车站。湖泊总面积为4.73平方千米，水面面积3.68平方千米，岸线周长9.5千米，蓄水量552万立方米，为小型湖泊。湖中有樱洲、翠洲、环洲、梁洲、菱洲五个岛屿，素有"金陵明珠"之美誉。

天然之湖

玄武湖古称桑泊，是燕山造山运动时形成的构造湖，距今已有近千万年的历史。远古时期的玄武湖，是紫金山西麓的一片洼地，与长江直接相通。后因长江泥沙沉积，江岸西移，逐渐形成了湖泊。早在商周时代，南京人的祖先就生活在秦淮河两岸和玄武湖四周。历史名城南京，正是首先从这一带发祥和日渐繁荣起来的。

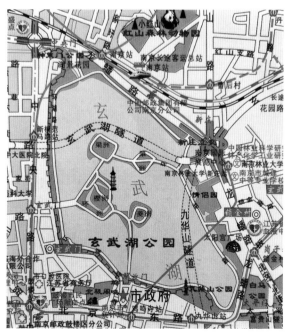

玄武湖示意图

水师基地

纵观玄武湖的变迁，不仅其名称丰富多变，而且在不同时代拥有着不同的身份，见证了南京城市发展的兴衰起伏。

六朝时期的玄武湖因面积巨大，直通长江，成为各个朝代日常训练水师的重要场所。东晋大兴三年（305），晋元帝因湖在钟山以北，改湖名为"北湖"，进行疏浚，加深湖床，扩大水域，这是有文献里有关玄武湖最早被用来操练水师的记载。刘宋元嘉二十五年（448）湖中出现"青龙"和"黑龙"，玄武湖由此得名。刘宋大明

从玄武湖畔太阳宫眺望九华山

五年（461）、大明七年（463），宋孝武帝刘骏在玄武湖大阅水军，并改湖名为"昆明池"，民间则俗称为"饮马塘"。泰始年间（465—471），宋明帝改湖名为习武湖，仍把玄武湖作为操练水师的重要基地。太建十一年（579），陈宣帝陈顼在玄武湖举行了历史上规模最大的一次水上阅兵活动，史书上记有"五百楼船十万兵"的壮观场面。

怀古之所

隋唐时期，因南京由六朝都城降至地方县城的剧烈变化，玄武湖一度成为唐朝文人墨客"怀古"之地。"诗仙"李白曾多次来到南京，游览玄武湖，写下了《金陵三首》《春日陪杨江宁及诸官宴北湖感古作》等不朽之作，借以抒发对六朝兴亡之感慨，一吐胸中郁积的苦闷。张九龄、李商隐、韦庄大诗人等也先后写下有关玄武湖的经典诗词。

宋元泄湖为田，在"中国十一世纪改革家"、江宁知府王安石的主持下，玄武湖曾经化作良田，持续两百余年。虽然一时解决了农业歉收问题，但是王安石的"泄湖为田"对南京城市水网产生巨大影响，此后南京遭遇多次水患，城中洪水无法及时排出，给社会经济造成巨

从台城眺望紫金山和玄武湖

大损失。元代大德五年（1301）和至正三年（1343）先后进行两次疏浚，才使得玄武湖重新出现在世人眼前。

国家档案库

明代的玄武湖，变成存放全国土地和户口档案的黄册库（相当于国家档案库），属于皇家禁地。同时，为控制进出城内的水位，明朝政府在修筑南京城墙的过程中，在玄武湖南侧城墙下修建了武庙闸，至今仍是连接南京城市南北水系的重要节点。

水产重地

清代，玄武湖成为湖民捕鱼之所。湖神庙作为清代商贾云集之地，玄武湖的湖产品（包括荷叶、莲藕、樱桃等）都是从这里批发销售，老洲（梁洲）码头每天吆喝、叫卖声不断。康熙帝在位期间，为避帝王名讳，玄武湖

从紫金山远眺玄武湖

被改称为"元武湖"。当时玄武湖有老洲、新洲、长洲、麟洲、趾洲五洲。至清宣统年间,玄武湖五洲的名称逐渐进入了相对稳定的阶段,基本固定为老洲、新洲、长洲、菱洲、志洲。

近代公园

宣统元年(1909),为便利来南京参加南洋劝业会的客商游览玄武湖,两江总督张人骏主持在接近劝业会场的明城墙段辟建新门,同时筑堤直达洲上。次年新门落成,以其祖籍河北丰润,命名为"丰润门"。丰润门的建成,改变了过去游玄武湖"必自太平门出,非舟莫渡"的不便状况,标志着玄武湖已成为近代意义上的公园。

民国年间，玄武湖因遍植莲荷，被称为"荷花湖"。1928年8月19日，玄武湖作为公园对外正式开放。1929年9月，改名为"五洲公园"，时任南京市长刘纪文在《五洲公园记》中写道："世界之五洲，终身能游者，举世无几人？湖中之五洲，不半日已遍历其地。昔人谓登泰山而小天下，今则游玄武湖者，可以小五洲矣。"1934年4月，市长石瑛颁布命令，将五洲公园改为玄武湖公园，此后陆续修建了许多景点和设施，如，1934年，重建郭璞亭，表彰其为国为民、不畏强暴的高尚品德；1936年，修建自太平门起至和平门的环湖路，

玄武湖南侧城墙下的武庙闸

改善了玄武湖的游览条件；1937年，修建了喇嘛庙和诺那塔，成为罕见的藏传佛教纪念地。1947年，举办了"首都第一届菊花大会"，这是由官方举办的第一个菊花节。

自然与人文交融之湖

中华人民共和国成立后，人民政府对玄武湖进行了全面建设与改造，修建了樱洲长廊、西哈努克亭、梁洲动物园等，整修了环湖路、友谊厅、留东同学会旧址等，不少与南京结为友好城市的代表团，都喜欢在玄武湖景区种下象征友谊的树木或花卉。

与此同时，疏浚了进出河道，现有进湖河道三条，位于湖泊北岸，分别是南十里长沟、唐家山沟、紫金山沟；排水河道三条，分别是与武庙闸相连的珍珠河，与太平闸相连的香林寺沟、九华山沟，与大树根闸相连的内金川河。

2010年10月1日，玄武湖公园实行免费开放。近年来，又陆续修建了莲花广场、郭璞纪念馆、梁洲盆景园、中南儿童乐园等纪念或游览设施。时至今日，玄武湖公园已成为钟山风景名胜区重要组成部分、国家重点公园和4A级景区。

古老沧桑的玄武湖留下了诸多的历史印记，南京历

玄武湖莲花广场

史上的每一页，似乎都记载着玄武湖，她和南京的发展水乳交融，密不可分。玄武湖这颗金陵明珠，在历史风雨的洗礼下，将变得更加璀璨夺目。

"金陵第一名胜"：莫愁湖

莫愁女雕塑

莫愁湖古称石城湖，位于南京城西，湖区总面积 0.58 平方千米，湖泊水面积 0.33 平方千米，为城市特小型湖泊。岸线周长 5 千米，蓄水量 43 万立方米。湖面水波粼粼，以莫愁湖为核心的公园内点缀堂亭楼阁，广植名花异卉，清乾隆时期号称"金陵第一名胜"。

莫愁湖起初只不过是长江西移之后遗留下来的无名野湖。长期以来，在南京史上默默无闻。成书于明朝正德十五年（1520）的《正德江宁县志》中有最早关于莫愁湖的记载："莫愁湖在县西，京城三山门外。莫愁，卢氏妓，时湖属其家，因名。今种芰荷，每风动，香闻数里。"梁武帝萧衍《河中之水歌》曾记载了这位嫁至南京卢家的洛阳姑娘莫愁："河中之水向东流，洛阳女儿名莫愁。莫愁十三能织绮，十四采桑南陌头。十五嫁于卢家妇，十六生儿字阿侯。卢家兰室桂为梁，中有郁金苏合香。头上金钗十二行，足下丝履五文章。珊瑚挂

春到莫愁湖

镜烂生光，平头奴子擎履箱。人生富贵何所望，恨不嫁与东家王。"至此，湖以人名，人以湖传。

明朝初年，在湖滨建楼，其后，朱元璋又赏与徐达，成为徐府私园，莫愁湖迎来了第一次大规模兴建。此时的莫愁湖，湖中多种植荷花，随风摆动，香飘数里。湖中有亭，湖上有舟，然而因为是魏国公徐俌私有，故游者罕至。随着明代中后期的长期失修，明末的莫愁湖渐渐荒废。

清乾隆五十八年（1793），时任江宁知府李尧栋公事之余，往来莫愁湖上。时湖旁有华严庵，庵内有胜棋楼。李尧栋惜其倾颓，捐俸修华严庵，建郁金堂三楹，又于堂西补筑湖心亭，杂植花柳，以仍其旧。经过大规模重建的莫愁湖焕然一新，在"金陵四十八景"中，以"莫愁烟雨"名列第一，遂

莫愁湖美景

95

民国时期的曾公阁（朱偰《金陵古迹名胜影集》）

称"金陵第一名胜"。后在清咸丰三年（1853）的太平天国战事中遭兵火之厄，莫愁湖建筑、古迹，毁于一旦。

同治三年（1864），湘军攻克南京，曾国藩重建华严庵，自此拉开了晚清时期重建莫愁湖的序幕。曾氏先后主持重修郁金堂、胜棋楼，重修湖心亭。湖楼落成，湖亭一新，莫愁湖景，渐复旧观。

民国十七年（1928），南京特别市政府将莫愁湖辟为公园开放，并重修遭洪水淹没的郁金堂、曾公阁等名迹。以后的十多年时间，由于局势不稳，莫愁湖逐渐失修，楼阁破损陈旧，湖岸杂草丛生，湖床淤塞，景象衰败。至1949年南京解放前夕，整个公园只有郁金堂、胜棋楼等可供游览。

中华人民共和国成立后，莫愁湖公园经多次修整扩建。有关部门先后疏浚湖泊，加深湖床，修整古迹，增建亭榭，广植花木，景观焕然一新。"文革"时期，莫愁湖公园一度改名为"立新公园"，园林景物遭受严重破坏。1976年后，公园着力恢复重建。从20世纪80年代起，公园不断推出新景点、新项目，如海棠花会、莫愁烟雨文化节、自贡灯展等，颇具影响。

2004年3月8日，南京市人民政府批复《莫愁湖

整修一新的莫愁湖公园

公园总体规划》。将公园定性为以展示历史文化、古典建筑和为周边市民提供城市休闲绿地为主要功能的风景名胜公园。公园占地面积58.36公顷。同年11月，南京市政府投资1570万元，对莫愁湖公园进行全面大修，水系工程改造包括环湖截污1000米、长沟与水榭池清淤保养7000立方米、驳岸维修800米、水系沟通（西南角增加水系、长沟至大湖）500米。

　　为了创建国家4A级景区，莫愁湖公园从2017年起开展了景观提升和水体治理工程。此次改造，对公园内部和周边进行雨污分流处理；对湖体进行降水清淤，并根据湖区生态功能需要，分区域、种类种植水生植物和放养适量水生动物，使莫愁湖水体达到Ⅳ类水标准，经过两年的封闭改造，莫愁湖公园于2019年8月重新开放，并以更加秀丽的景色，重新呈现在人们的面前。

南京最大天然湖泊：石臼湖

石臼湖（於朝勇 摄）

石臼湖跨江苏、安徽两省，其主体位于南京溧水区，是南京境内水面面积最大的湖泊，属于中型湖泊。具有灌溉、蓄洪、航运和养殖等多种功能。随着交通条件的改善，近年来石臼湖已成为人们争相打卡的网红之地。

石臼湖又名北湖，为淡水湖泊，位于今南京市溧水区、高淳区与马鞍山市博望区、当涂县交界处，湖西部与长江支流青弋江、水阳江、姑溪河连通，湖北通过天生桥河与秦淮河连通，是沟通南京与皖东南的主要航道，属长江流域湖泊。

石臼湖、固城湖地区示意图

石臼湖呈不规整的长方形，由古丹阳湖解体分化演变而成。秦立丹阳县，丹阳湖因之得名，古称"巨浸"。今天的石臼、固城、南漪、丹阳四湖及周边溧水、高淳、

天空之镜——石臼湖（石溆街道 提供）

当涂、宣城、芜湖等地沿湖圩区，原来都位于古丹阳湖范围内。因长期泥沙淤积和人工围垦，石臼湖西的丹阳湖已几近消亡，石臼湖的面积也由 263 平方千米缩减为 200 平方千米。现湖长 22 千米，最大宽度 14 千米，湖水平均深度 1.67 米，最大深度 2.42 米，湖容量 3.4 亿立方米。

石臼湖岸线长 76 千米，北纳博望河来水，有天生桥河与秦淮河相通；东纳新桥河来水；南有官溪河、龙港连通固城湖；西南承皖南山区水阳江、青弋江来水，是其主要水源。湖水由西北姑溪河泄入长江，汛期长江水也会倒灌入湖。湖泊的水位变化，主要受流域来水和长江水位变化的影响。石臼湖承受源自皖南山区的河流补给，山区河流暴涨暴落的特性使得湖泊水位变化较大。此外，长江水位的高低关系到湖泊尾闾通畅与否，也影响到湖泊水位的高低。一般6月份以前，长江水位低，石臼湖水位主要受流域来水的影响；6月份以后，长江水位高，湖泊尾闾通畅，即使流域来水不多，湖泊水位仍然很高。石臼湖的最高水位一般出现在7—8月份，最低水位出现在12月至次年3月，水位变幅一般在2.5—6.8米，最大可达7米以上。

石臼湖水属重碳酸盐类钙组Ⅱ型水，湖泊具有灌溉、蓄洪、航运和养殖等多种功能。湖区沿岸重点农业圩有

夕阳下的石臼湖大桥（於朝勇 摄）

东大圩、西大圩、战天圩、群英圩、团结圩、藕丝堰圩等，物产资源丰富，其中以银鱼、螃蟹、野鸭等"三珍"最为出名。由于湖产丰富，石臼湖曾被人们誉为"日出一斗金，夜出一斗银"，但由于无节制捕捞，最晚在21世纪初，银鱼等珍贵品种已经消失。"石臼渔歌"是新金陵四十景之一。2015年10月，随着全长12617.2米石臼湖特大桥建成通车，溧水、高淳之间又多了一个更加便捷的陆上通道。值得一提的是，石臼湖特大桥映照在清澈空旷的湖面上，宛如"天空之镜"，令人叹为观止。

生态之湖：固城湖

固城湖风光（袁高亮 摄）

固城湖位于南京市高淳区，是南京境内第二大湖泊，属小型湖泊。作为江苏省饮用水水质最好的天然湖泊，同时兼具航运、灌溉、蓄洪、养殖、旅游等多种功能。

固城湖又名小南湖，为淡水湖，与石臼湖同属水阳江水系，位于南京市高淳区与宣城市宣州区交界处，因湖北岸有古固城而得名。

固城遗址东部高地外侧低洼地（南京市考古研究院 提供）

据有关资料显示，高淳区西部原为固城、丹阳、石臼三湖环抱，三湖历史上本为一湖，即丹阳湖，亦称丹阳大泽，是中国古代五大湖泊之一。后由于地壳运动和江河泥沙不断淤积，先后分化出固城湖、石臼湖。

固城湖呈不规则的倒三角形，北宽南窄。湖面原有78平方千米，长10.4千米，最大宽度8.2千米，平均宽度5千米，最大水深3.67米，湖容量1.2亿立方米。由

固城湖栈道（袁高亮 摄）

于 20 世纪 60 至 70 年代临湖地区分别围垦，湖面急剧缩小，现湖面约 24 平方千米，容积也相应减小到 0.4 亿立方米。

固城湖岸线长 44 千米，与水阳江连通的河流有水碧桥河、官溪河和宣城境内的新牛耳港，区间河流有胥河、漆桥河等。主要水源为胥河、漆桥河及水阳江支流新牛耳港，出湖河流为官溪河，其水位变化，主要受到流域山区来水和长江水位变化的影响。固城湖的最高水位一般出现在 7—8 月份，历史最高洪水位达 13.07 米，对湖周边低洼农田构成了严重威胁。

固城湖是江苏省饮用水水质最好的天然湖泊，是高淳区重要的饮用水源地。湖区沿岸重点农业圩有胜利圩、

撒网固城湖（袁高亮 摄）

南荡圩、相国圩、永丰圩、保胜圩、永胜圩、朝阳圩、浮山圩、义保圩等，水产资源丰富，尤以大闸蟹养殖最为著名，兼具航运、灌溉、蓄洪、养殖、旅游等多种功能。为全面贯彻落实长江经济带"共抓大保护、不搞大开发"重大战略部署，高淳区目前正实施固城湖退圩还湖工程，包括平圩清淤、水生态修复、永联圩新建堤防、生态监测站改建等，固城湖在迎来扩容的同时，将增加有效防洪库容。

南京最大人工湖泊：金牛湖

金牛湖美景（陈增福 摄）

金牛湖原为金牛山水库，是南京市最大的人工湖泊，位于南京市六合区东北。金牛湖不仅景色秀丽，生态良好，同时也是经典民歌《茉莉花》的发源地，被称为"江北胜景"。

金牛湖位于六合区东北部的低山丘陵区，湖水向南流经八百河、滁河，汇入长江。其前身金牛山水库始建于1958年，次年11月建成，距南京主城17千米，有主坝、副坝、溢洪闸、放水涵洞、翻水站、水电站和东西干渠等主要设施，集水面积124.14平方千米，湖面16.675万平方千米，总库容量9600万立方米。

作为南京首个"国家水利风景区"，金牛湖周围有冶山、金牛山、银牛山、铜牛山、团山、尖山等，湖面浩渺，湖岸曲折，绿树成荫，宛如一块碧玉镶嵌在群峰之间。金牛湖不仅风景优美，而且生态环境优越，有大片以松树和水杉为主的生态林，还种植椿、檀、竹、红

湖面广阔的金牛湖（陈增福 摄）

金牛湖龙舟赛（陈增福 摄）

枫等；湖内除了养殖鲢鱼、青鱼、鲫鱼、鳊鱼外，近年来又发展了银鱼、鳜鱼、甲鱼、螃蟹和罗氏沼虾等特种水产养殖。

金牛湖周边的人文底蕴深厚。其西侧5公里处的四合乡境内有一处旧石器时代遗址，曾出土石刀、石斧、石锛、石锄、石凿等砍砸器和生产工具，是了解人类原始社会生产和生产的重要场所。北侧的冶山，因西汉吴王刘濞铸钱于此，山上设有"铸钱冶"而得名，表明六合早在汉代实行盐铁官营之前的铜铁生产已经具备相当规模。金牛湖南岸为经典民歌《茉莉花》的发源地。1942年冬，新四军文工团何仿同志于此采风，依据山歌

《鲜花调》改编而成《茉莉花》，传唱中外。

随着文旅融合脚步的加快，金牛湖于2014年成为南京青奥会帆船等比赛场地，近年来又新建了野生动物园等景点，已成为集水利、旅游、水产、种植等多种功能于一体综合性水体。